BEI GRIN MACHT SICH IHR WISSEN BEZAHLT

AF140095

- Wir veröffentlichen Ihre Hausarbeit,
  Bachelor- und Masterarbeit

- Ihr eigenes eBook und Buch -
  weltweit in allen wichtigen Shops

- Verdienen Sie an jedem Verkauf

Jetzt bei www.GRIN.com hochladen und kostenlos publizieren

Bibliografische Information der Deutschen Nationalbibliothek:

Die Deutsche Bibliothek verzeichnet diese Publikation in der Deutschen National-
bibliografie; detaillierte bibliografische Daten sind im Internet über http://dnb.d-
nb.de/ abrufbar.

Impressum:

Copyright © 2013 GRIN Verlag, Open Publishing GmbH
Druck und Bindung: Books on Demand GmbH, Norderstedt Germany
ISBN: 9783668121751

Dieses Buch bei GRIN:

http://www.grin.com/de/e-book/313730/wirksamkeitsstudie-zum-programm-
samurai-massage-shiatsu-fuer-kinder

Karin Koers

Wirksamkeitsstudie zum Programm „Samurai-Massage – Shiatsu für Kinder"

Entwicklung und Evaluierung von Fragebögen zur Untersuchung der Auswirkungen auf Stressverhalten und Selbstwirksamkeit

GRIN Verlag

GRIN - Your knowledge has value

Der GRIN Verlag publiziert seit 1998 wissenschaftliche Arbeiten von Studenten, Hochschullehrern und anderen Akademikern als eBook und gedrucktes Buch. Die Verlagswebsite www.grin.com ist die ideale Plattform zur Veröffentlichung von Hausarbeiten, Abschlussarbeiten, wissenschaftlichen Aufsätzen, Dissertationen und Fachbüchern.

Besuchen Sie uns im Internet:

http://www.grin.com/

http://www.facebook.com/grincom

http://www.twitter.com/grin_com

Karin Koers

Wirksamkeitsstudie zum Programm „Samurai-Massage – Shiatsu für Kinder"

Entwicklung und Evaluierung von Fragebögen zur Untersuchung der Auswirkungen auf Stressverhalten und Selbstwirksamkeit

Transfer-Dokumentations-Report „Forschung und Versuchsplanung"

Projekt-Kompetenz-Studium Bachelor of Science „Komplementärtherapie", Vertiefungsrichtung „Shiatsu"

Steinbeis-Hochschule Berlin

Zeitraum der Arbeit: 15.02.2012 bis 22.04.2013

Inhaltsverzeichnis

Zusammenfassung

Die vorliegende Arbeit untersucht im Rahmen eines Pilotprojekts die Wirkungsweise des Samurai-Programms, einer Abfolge von Shiatsu-Übungen für Schüler, auf das Stressverhalten und die Selbstwirksamkeit von Schülern. In einer zweistufigen, fragebogengestützten Erhebung werden hierzu von Schülern Daten zum Umgang mit Stress (Innensicht) und von den Lehrern Informationen zu den Erwartungen und Wirkungen des Programms (Außensicht) erhoben. Für die Schüler wird auf einen vorhandenen Fragebogen zu Stress und Stressbewältigung bei Kindern und Jugendlichen zurückgegriffen (SSKJ 3-8). Die Entwicklung des Fragebogens für Lehrer erfolgt im Rahmen dieser Arbeit. Basierend auf einem explorativ angelegten Eingangsfragebogen wird im Projektverlauf rekursiv der Folgefragebogen entwickelt und der Standardisierungsgrad so schrittweise erhöht. In der Auswertung werden die Ergebnisse beider Befragungsteile aggregiert und zur Bewertung der aufgestellten Hypothesen bezüglich der Wirksamkeit des Programms unter den Aspekten Selbstwirksamkeit, Sozialkompetenz und Körperhaltung herangezogen.

Die Erkenntnisse dieser Pilotstudie fließen ein in geplante Langzeitstudie zum Einsatz des Samurai-Programms ein.

1 Einleitung

Im wissenschaftlichen Umfeld als Komplementärtherapie in einen Dialog mit den „etablierten" Fachrichtungen der Schulmedizin treten zu können und langfristig ein konstruktives Miteinander zu erreichen, ist eines der Ziele des Studiengangs Komplementärtherapie. Um dies zu erreichen, bedarf es einer Annäherung sowohl in inhaltlicher als auch methodischer Sicht, der Entwicklung eines gemeinsamen Sprachverständnisses.

Für die klinische Medizin bilden Wirksamkeitsnachweise in Form standardisierter Untersuchungen einen wesentlichen Faktor für die Anerkennung von Verfahren und Methoden (vgl. (Kiene, 2001). Die vorliegende Arbeit soll hier einen Beitrag leisten, indem im Rahmen eines Pilotprojekts eine Wirksamkeitsstudie zur Anwendung von Shiatsu in der Schule unter Berücksichtigung der Aspekte Selbstwirksamkeit und Umgang mit Stress durchgeführt wird. Hierzu wird das Samurai-Programm, eine Folge von Shiatsu-Übungen für Kinder, in mehreren Klassen eines hessischen Gymnasiums eingeführt. Die Wirkung des Programms wird durch eine mehrstufige Befragung sowohl der Schüler als auch der beteiligten Lehrkräfte erhoben.

Um auch bei einer relativ kleinen Stichprobe vergleichbare Werte zu erzielen, wird ein Teil der Erhebung, die Befragung der Schüler, auf Basis eines standardisierten Fragenbogens durchgeführt.

Neben der Erfassung dieser statistischen Daten dient die Studie vor allem der explorativen Erhebung wesentlicher Indikatoren für die Wirksamkeit des Samurai-Programms. In enger Kooperation mit der durchführenden Pilotschule erfolgt die rekursive Einholung des Feedbacks der beteiligten Lehrkräfte, insbesondere der an der Schule für die Durchführung des Programms verantwortlichen Projektleiterin. Die Auswertung der Daten erfolgt mit IBM SPSS Statistics.

Im folgenden Kapitel werden die theoretischen Grundlagen, Shiatsu als Methode sowie das Samurai-Programm vorgestellt und der derzeitige Forschungsstand beleuchtet. Kapitel 3 enthält die Definition der in dieser Arbeit untersuchten Thesen.

Nach einem Überblick über die für die Erhebung verwendeten Elemente und einer ethischen Betrachtung des Forschungsgegenstandes werden in Kapitel 4 die einzelnen Methoden genauer beleuchtet und in den Zusammenhang gestellt. Die Beschreibung der Stichprobe und der zeitlichen Durchführung finden sich hier ebenso wie Information zur Transformation und Skalenbildung der Rohdaten.

Die Darstellung der Ergebnisse in Kapitel 5 führt über eine Beschreibung der Stichprobe und den Vergleich der erhobenen Werte mit den Werten des Standard-Fragebogens zur Überprüfung der Hypothesen. Ergänzt werden diese Themen durch die Bewertung der Ergebnisse der explorativen Studie und die Identifizierung von Optimierungspotential für zukünftige Studien.

Im abschließenden Kapitel 6 werden die gewonnen Erkenntnisse zusammengefasst und ein Blick auf deren weitere Verwendung geworfen.

Der Anhang enthält neben detaillierten statistischen Daten die zugehörige SPSS-Syntax.

Die Entwicklung und Überarbeitung der Fragebögen fand in Zusammenarbeit mit Frau Karin Kalbantner-Wernicke und weiteren Kommilitonen des Studiengangs Komplementärtherapie mit Vertiefungsrichtung Shiatsu statt.

Frau Kalbantner-Wernicke stellte den Kontakt zur Schule her, führte das Samurai-Programm ein und fungierte als Ansprechpartnerin für den Kontakt zur Schule. Sie ist ebenfalls die Urheberin des Samurai-Programms (Kalbantner-Wernicke, 2011). Ihr gebührt an dieser Stelle besonderer Dank für Ihr Engagement und ihr zur Verfügung gestelltes Wissen.

Diese Abschlussarbeit wurde von der Verfasserin allein erstellt. Die Datenanalyse beschränkt sich daher neben der Hypothesenüberprüfung auf die wesentlichen Zusammenhänge und Untersuchung auffälliger Aspekte. Tiefergehende Analysen werden – auch aufgrund des geringen Umfangs der Stichprobe – im Rahmen dieser Arbeit nicht durchgeführt.

Aus Gründen der Lesbarkeit wird in dieser Arbeit bei geschlechtsspezifischen Ausdrücken die männliche Form verwendet, auch wenn im Shiatsu die Praktikerinnen deutlich in der Mehrheit sind.

2 Forschungsstand und Theorie

2.1 Theoretischer und empirischer Forschungsstand zum Thema

2.1.1 Shiatsu für Kinder – Hintergründe und Wirkungsansatz

Shiatsu ist eine in Japan entwickelte Manual Therapie, bei der durch Druck (japanisch shi=Finger, atsu=Druck) entlang der Leitbahnen („Meridiane") sowie Dehnungen und Rotationen eine „Harmonisierung innerhalb des Organismus angestrebt" wird (deGruyter, 2011 S. 390).

Bereits zu Beginn der Schulzeit leiden viele Kinder an Haltungsproblemen, was Auswirkungen auf die Konzentrationsfähigkeit hat. Unruhiges Verhalten von Schülern und die damit einhergehende Störung des Unterrichts kann sich sowohl auf deren eigenen Lernerfolg als auch den der Klassenkameraden negativ auswirken und Stress erzeugen (vgl. (Kalbantner-Wernicke, 2011 S. 3).

Die *Samurai-Massage* ist ein Behandlungsprogramm für Kinder im Alter von 6 bis 12 Jahren und dient der Förderung von Körperhaltung und Konzentrationsfähigkeit. Mit dem Einsatz eines aus dem Shiatsu entwickelten, festgelegten Behandlungs-Ablaufs wird die kindliche Entwicklung auf natürliche Weise unterstützt. Eingebettet in eine Geschichte über zwei japanische Kinder werden Lehrern und Schülern die wichtigsten Behandlungsgriffe von geschulten Shiatsu-Praktikern vermittelt und anschließend von den Schülern unter Anleitung der Lehrer praktiziert. Hierzu stehen ein Anleitungsheft und Begleitmaterialien zur Verfügung (Kalbantner-Wernicke, 2011).

Ein wichtiger Aspekt ist, dass die Kinder spezielle Techniken aus dem Shiatsu lernen, um sich selbst und andere in besonders anstrengenden Situationen unterstützen zu können. Hierzu gehören besonders lange Hausaufgaben, Angst vor Klassenarbeiten und Referaten und Konfliktsituationen mit Mitschülern oder Lehrern (vgl. (Lohaus, et al., 2006 S. 5f).

2.1.2 Stress und Selbstwirksamkeit

Stress kann allgemein als Ungleichgewicht zwischen den äußeren Anforderungen (und eigenen Ansprüchen) und den zur Verfügung stehenden Möglichkeiten, Ressourcen und sozialer Unterstützung definiert werden. Eine dauerhafte Überlastung kann zu physischen und psychischen Stresssymptomen und unter anderem zu dauerhaften Erschöpfungszuständen führen (vgl. (Lohmann-Haislah, 2012 S. 13ff).

Die Stresswahrnehmung wird auch bei Kindern und Jugendlichen wesentlich durch subjektives Empfinden bestimmt. Neben Lebenskrisen und entwicklungsbedingten Problemen sind es häufig alltägliche Probleme, die Stress auslösen. Die Bewertung stressauslösender Ereignisse kann von der Wahrnehmung der Erwachsenen deutlich differieren. Symptome können sowohl auf physischer als auch psychischer Ebene auftreten (vgl. (Lohaus, et al., 2006 S. 5ff).

Die Selbstwirksamkeit, also die Fähigkeit, das eigene Leben positiv beeinflussen zu können, zählt zu den Grundbedürfnissen des Menschen und ist eine Möglichkeit, besser mit belastenden Situation umgehen zu können (vgl. (Frick, 2011 S. 53f, 206f). In Bezug zum Untersuchungsgegenstand wird Selbstwirksamkeit definiert als die Erfahrung der Kinder, belastenden Stresssituationen nicht hilflos ausgeliefert zu sein, sondern Strategien abrufbar zu haben, um diesen entgegenzuwirken.

In diesem Kontext setzt das Samurai-Programm an, um über die Förderung der Selbstwahrnehmung der Kinder (vgl. (Kalbantner-Wernicke, 2011 S. 3) eine Änderung der subjektiven Stresswahrnehmung zu ermöglichen und die Handlungskompetenzen im Umgang mit belastenden Situationen zu erweitern.

2.1.3 Forschungsstand

In der Forschung zur Wirksamkeit von Shiatsu existieren im europäischen Raum bisher kaum Studien, auf die im Rahmen dieser Arbeit Bezug genommen werden könnte. Die Studie von Long zielt auf die Einzelarbeit mit (erwachsenen) Klienten und ist aufgrund ihrer geringen Stichprobengröße umstritten (Long, 2007). Es gibt diverse Veröffentlichungen und Wirksamkeitsberichte zur Arbeit mit Shiatsu in der Fachpresse (GSD e.V., 1992-2013) und Literatur (Löhner-Jokisch (Hrsg.), 2012), weitere wissenschaftliche Arbeiten waren der Verfasserin zum Zeitpunkt der Erstellung dieser Arbeit nicht bekannt.

Für die Gruppenarbeit mit Shiatsu bei Kindern, insbesondere mit dem Samurai-Programm, liegen noch keine Studienergebnisse vor.

Die Forschung in angrenzenden Bereichen wie Wirkung von Berührung und Bewegung auf die Konzentration, Stresskompetenz und soziales Verhalten wird im Rahmen dieser Arbeit nicht betrachtet.

2.2 Theoretisches Modell der Studie

Aufgrund der fehlenden Forschungsdaten verbindet die Studie explanative Untersuchungen zur Wirksamkeit des durchgeführten Programms mit explorativen Anteilen als Basis für eine zukünftige Wirksamkeitsstudie (vgl. (Bortz, et al., 2006 S. 49ff).

Im Rahmen einer Vergleichsstudie werden sowohl Schüler als auch Lehrer in einem mehrstufigen Verfahren mittels standardisierter Fragebögen befragt. Unter der Annahme, dass die Durchführung des Programms Einfluss auf die Stresswahrnehmung der Kinder hat, wird eine Unterschiedshypothese aufgestellt und anhand von mehreren Schulklassen untersucht (vgl. (Bortz, et al., 2006 S. 505).

Parallel zur Erhebung der Veränderung bei den Schülern werden mittels Befragung der Lehrkräfte die Außensicht auf die Schüler, die Erwartungen und beobachteten Veränderungen in die Studie integriert.

Die vorliegende Arbeit hat die Intention, die Grundlagen für eine breit angelegte Studie zur Wirksamkeit des Samurai-Programms zu schaffen. Entsprechend liegt der Fokus dieser Arbeit auf der Entwicklung und Verbesserung der hierzu benötigten Fragebögen und einer grundlegenden Überprüfung der aufgestellten Hypothesen.

3 Fragestellungen und Hypothesen

Hintergrund der Fragestellung ist die Überlegung, ob Kinder durch Shiatsu in der Schule unterstützt werden können, mit den alltäglichen Belastungen besser umzugehen und durch eine erhöhte Selbstwirksamkeit besser mit stressbelasteten Situationen umgehen können bzw. ob sich die Stresswahrnehmung hierdurch verändert.

Hypothese zur Selbstwirksamkeit:

H1-Hypothese: Die regelmäßige Anwendung des Samurai-Programms (Shiatsu für Kinder) erhöht die Selbstwirksamkeit der Kinder. Dadurch werden „stressige" Situationen als weniger belastend erlebt.

H0-Hypothese: Die regelmäßige Anwendung des Samurai-Programms führt nicht zu einer Veränderung der Selbstwirksamkeit bei Kindern.

Zur Verifizierung der Hypothese erfolgt eine zweistufige Befragung der Schüler zur Ermittlung der Stressanfälligkeit (Stressvulnerabilität) vor und nach Einführung des Programms. Ergänzend werden durch eine Befragung der Lehrkräfte Daten zu erkennbaren Verhaltensänderungen erhoben.

Neben dieser Hauptthese werden damit verbundene Thesen aufgestellt, die im Rahmen der Untersuchung betrachtet werden. Die Evaluierung findet ausschließlich im Rahmen der Lehrerevaluation statt.

H1-Hypothese zur Sozialkompetenz:

Die Sozialkompetenz der Kinder erhöht sich bei regelmäßiger Anwendung des Samurai-Programms (achtsamer und respektvoller Umgang miteinander).

H0-Hypothese: Die regelmäßige Anwendung des Samurai-Programms führt zu keiner Veränderung der Sozialkompetenz bei Kindern.

H1-Hypothese zur Körperhaltung:

Die regelmäßige Anwendung des Samurai-Programms führt zu einer körperlichen Haltungsverbesserung. Die Haltungsverbesserung hat positiven Einfluss auf Konzentrationsstörungen, schlechtes Schriftbild und leichte Ermüdbarkeit der Schüler.

H0-Hypothese: Die regelmäßige Anwendung des Samurai-Programms führt nicht zur Haltungsverbesserung bei Kindern.

4 Methode

4.1 Untersuchungsdesign

4.1.1 Elemente der Befragung

Um die Ergebnisse mit standardisierten Werten vergleichen und besser interpretieren zu können, werden für den explanativen Teil der Studie Teile eines standardisierten Fragebogens verwendet. Für die Eigenbewertung der Kinder wird auf den bestehenden Stressfragebogen für Kinder und Jugendliche SSKJ 3-8 zurückgegriffen (Lohaus, et al., 2006), mit dem die Unterschiede vor und nach Durchführung des Programms betrachtet werden.

Zur Überprüfung der Unterschiedshypothese ist die Untersuchung als Zweigruppenplan angelegt (vgl. (Bortz & Döring, 2006, p. 528f). Als Kontrollgruppe wird eine Klasse derselben Klassenstufe verwendet, in der das Programm nicht eingeführt wurde.

Parallel werden die Lehrer zu Beginn in einem – neben der Erhebung statistischer Daten – offenen Fragebogen zu ihren Erwartungen und Wünschen befragt. Die genannten Aspekte fließen in die Konstruktion eines stärker standardisierten Abschlussfragebogens ein, mit dem beobachtete Veränderungen abgefragt werden. Die fragebogengestützte Erhebung wird durch ein offenes Interview ergänzt.

Der zweite Fragebogen enthält neben Fragen zur Ein- und Durchführung des Programms Raum für Anmerkungen, um den Lehrkräften aktiv die Möglichkeit zu geben, auf bisher nicht berücksichtigte, für sie relevante Aspekte hinzuweisen. Aufgrund des Untersuchungsziels werden in den Lehrerbögen viele offene Fragen gestellt, um das Untersuchungsfeld möglichst breit zu beleuchten. Eine Kontrollgruppe wird hier nicht angelegt, da dies im Rahmen der Untersuchung weder sinnvoll darstellbar ist noch wesentliche Erkenntnisse verspricht.

Die Verbindung von Innensicht der Schüler und Außensicht der Lehrer ermöglicht einen differenzierten Blick auf den Untersuchungsgegenstand.

In der ursprünglichen Planung war noch ein dritter Fragebogen bzw. ein Interview mit den Lehrkräften drei Monate nach Projektende enthalten, um ein abschließendes Feedback über die Durchführung des Programms und eventuelle längerfristige Wirkungen zu erhalten. Aufgrund der Schwierigkeiten der Datenerhebung (siehe Kapitel 4.3.2) wurde dieser Teil verworfen.

4.1.2 Ethische Betrachtung und Informationspflicht

Da mit der Studie persönliche Daten der Teilnehmer erhoben werden – und es sich zudem noch um Kinder handelt - genießt der Schutz vor missbräuchlicher Verwendung hohe Priorität (vgl. (Bortz, et al., 2006 S. 44f). Die Erhebung der Daten erfolgt daher anonymisiert, die beteiligten Lehrkräfte werden bezüglich dieser Thematik sensibilisiert.

Um eine Zuordnung der einzelnen Fragebögen vor und nach der Untersuchung zu ermöglichen, wird für jede Klasse eine nummerierte Liste erstellt. Die Kinder vermerken ihre Nummer auf dem jeweiligen Fragebogen. Die Liste ist streng vertraulich zu behandeln und nach der zweiten Befragung zu vernichten. Im Vorfeld der Befragung wurden alternative Methoden der Zuordenbarkeit diskutiert wie eine Nummernkarte an jedes Kind auszugeben und am Ende wieder einzusammeln oder sich jedes Kind ein beliebiges Wort ausdenken zu lassen. Da nicht sichergestellt werden konnte, dass diese Information bei der zweiten Befragung vorliegen wird, hat sich die Projektgruppe für das beschriebene Verfahren entschieden.

Bei den Lehrerfragebögen ist eine nachträgliche Zuordnung zu Personen über die Klasse prinzipiell möglich. Da hier neben statistischen Eckdaten keine persönlichen Daten erhoben werden und die Lehrkräfte eng in das Projekt eingebunden sind, wird dies nicht als Risiko betrachtet. Der Verfasserin sind zudem über die Ansprechpartnerin an der Schule (Projektleitung) hinaus die Lehrkräfte nicht persönlich bekannt.

Die Teilnahme sowohl am Programm als auch an der Studie erfolgt auf freiwilliger Basis. Die Eltern der Schüler werden vorab durch ein Schreiben der Schule über die Durchführung des Programms informiert.

Auf allen Fragebögen erfolgen die namentliche Nennung aller Projektbeteiligten sowie die Angabe einer Telefonnummer für Rückfragen.
Diese Daten wurden aus Gründen des Datenschutzes im Rahmen der Veröffentlichung anonymisiert.

4.2 Instrumente und Messgeräte

4.2.1 Bewertung des SSKJ 3-8 zum Einsatz als Schülerfragebogen

Der Fragebogen SSKJ 3-8 von Hogrefe dient der Erhebung von Stress und Stressbewältigungsstrategien von Kindern und Jugendlichen. In drei separaten Bereichen werden Werte zur Stressvulnerabilität, zu Bewältigungsstrategien in verschiedenen Beispielsituationen und zur Stresssymptomatik, sowohl auf physischer als auch psychischer Ebene, erhoben. Er kann für Kinder und Jugendliche von der dritten bis zur achten Klasse eingesetzt werden (vgl. (Lohaus, et al., 2006 S. 5ff).

Als Anwendungsgebiete nennen Lohaus et al „Einsätze im Rahmen von Prävention und Intervention im Kindes- und Jugendalter" sowohl im klinischen Bereich als auch in Forschungsprojekten. Die Vorgängerversion SSK des SSKJ 3-8 wurde im Rahmen eines Modellprojekts zur Stressprävention in der Grundschule eingesetzt, um das Stresserleben vor und nach Durchführung des Programms zu ermitteln (Lohaus, et al., 2006 S. 21, 28). Dies deckt sich mit den Anforderungen dieser Studie, weshalb der Fragebogen als geeignet eingestuft wird.

Für den Einsatz im Rahmen der Studie sind nur die Teile 1 und 3 (Stressvulnerabilität und –symptomatik) relevant, da das Erlernen spezifischer Bewältigungsstrategien, wie sie im Fragebogen genannt werden, nicht Teil des durchgeführten Programms ist. Es besteht somit kein direkter Zusammenhang mit den untersuchten Thesen und auch kein Bedarf, diese Daten zu erheben.

Die Erhebung der Stressvulnerabilität bezieht sich auf alltägliche Probleme, denen die Kinder ausgesetzt sind, mit dem Schwerpunkt auf schulische Ereignisse. Im Bereich der Stresssymptomatik werden sowohl physische als auch psychische Belastungen erhoben, letztere differenziert in die Subskalen Ärger, Traurigkeit und Angst (vgl. (Lohaus, et al., 2006 S. 9f).

Für die jeweiligen Items liegen Mittelwerte und Standardabweichungen vor. Zusätzlich existieren für die einzelnen Skalen und Subskalen Normwerte, Mittelwerte und Standardabweichungen, klassifiziert nach Geschlecht und Schulklasse. Für den Vergleich werden die Werte der Altersklasse 5./6. Klasse herangezogen.

Um die Vergleichbarkeit der Ergebnisse mit den standardisierten Werten zu vereinfachen, werden die Bezeichnungen des SSKJ 3-8 entsprechend übernommen (vgl. (Lohaus, et al., 2006 S. 29):

Skala	Subskala	Beschreibung	Zugeordnete Fragen
VUL		Stressvulnerabilität	Teil 1, Fragen 1 bis 6
PHY		Physische Stresssymptomatik	Teil 2, Fragen 1 bis 6
PSY		Psychische Stresssymptomatik	Teil 2, Fragen 7 bis 18
	PSY-AR	Subskala Ärger	Teil 2, Fragen 7, 9, 15, 17
	PSY-TR	Subskala Traurigkeit	Teil 2, Fragen 8, 10, 12, 14
	PSY-AN	Subskala Angst	Teil 2, Fragen 11, 13, 16, 18

Tabelle 1:   Relevante Auswertungsskalen des SSKJ 3-8

Der Fragebogen SSKJ 3-8 ist eine Weiterentwicklung der früheren SSK-Version. Die Objektivität ist durch die standardisierte Form des Fragebogens mit schriftlichen Instruktionen gegeben. Die bei jüngeren Kindern auftretenden Verständnisprobleme, auf die bei der Analyse des SSKJ 3-8 explizit eingegangen wird, sind bei der hier betrachteten Stichprobe als nicht relevant einzustufen. Die Reliabilität bewegt sich ebenso wie die Validität in typischen Größenordnungen und kann daher für diese Untersuchung als ausreichend angenommen werden (Lohaus, et al., 2006 S. 13ff).

Für den Einsatz im Pilotprojekt wird der Fragebogen grafisch neu gestaltet. Die einzelnen Fragen und Anweisungen werden wörtlich und in ihrer Reihenfolge aus dem SSKJ 3-8 übernommen (vgl. nachfolgende Darstellung). Die Verwendung des SSKJ 3-8 in dieser Form wurde im Vorfeld mit dem Hogrefe Verlag abgestimmt.

Fragebogen zum Projekt

„Samurai-Massage – Shiatsu für Kinder"

Stressfragebogen
- basierend auf SSKJ 3-8, Fragebogen zur Erhebung von Stress und Stressbewältigung im
Kindes- und Jugendalter, Hogrefe Verlag -

Schule --

Schultyp Gymnasium

Ort **Hessen**

Klasse _____ **Nummer** _____

Geschlecht ☐ männlich ☐ weiblich

Alter _____

Datum _____

Studienarbeit
im
Projekt-Kompetenz-Studium Bachelor of Science (B.Sc.) im Bereich „Komplementärtherapie"
(Vertiefungsrichtung: Shiatsu)
am

(Anschrift Hochschule)

(Kontaktdaten Projektteam)

Abbildung 1: Kinderfragebogen (6 Seiten)

Teil 1

Im ersten Teil des Fragebogens möchten wir gerne von dir wissen, wie viel Stress du in bestimmten Situationen hast.

Ein Beispiel:

Stell Dir vor, du musst morgen einen schwierigen Test schreiben.

Wie viel Stress hast du, wenn Dir so was passiert?

Gar keinen Stress   wenig Stress   viel Stress   sehr viel Stress

Kreuze bitte auf den nächsten Seiten das Passende an.

1. **Stell dir vor, dass andere in der Pause schlecht über dich reden.**

   Wie viel Stress hast du, wenn Dir so was passiert?

Gar keinen Stress	wenig Stress	viel Stress	sehr viel Stress

2. **Stell dir vor, du machst deine Hausaufgaben und deine Eltern treiben dich immer wieder an, dass du schneller machen sollst.**

   Wie viel Stress hast du, wenn Dir so was passiert?

Gar keinen Stress	wenig Stress	viel Stress	sehr viel Stress

3. **Stell dir vor, dass in der Klasse Gruppen gebildet werden und dich keiner in der Gruppe haben will.**

   Wie viel Stress hast du, wenn Dir so was passiert?

Gar keinen Stress	wenig Stress	viel Stress	sehr viel Stress

4. **Stell dir vor, du bekommst einen Test zurück und hast eine schlechte Note bekommen.**

   Wie viel Stress hast du, wenn Dir so was passiert?

Gar keinen Stress	wenig Stress	viel Stress	sehr viel Stress

5. **Stell dir vor, du hast einen heftigen Streit mit einem Freund/einer Freundin.**

Wie viel Stress hast du, wenn Dir so was passiert?

Gar keinen Stress	wenig Stress	viel Stress	sehr viel Stress

---

6. **Stell dir vor, du möchtest deinen Eltern etwas Wichtiges erzählen, aber deine Eltern haben keine Zeit und hören dir nicht zu.**

Wie viel Stress hast du, wenn Dir so was passiert?

Gar keinen Stress	wenig Stress	viel Stress	sehr viel Stress

Ende 1. Teil

Teil 2

Wie ging es dir <u>in der letzten Woche</u>?
Kreuze bitte immer den passenden Kreis an.

	Keinmal	Einmal	Mehrmals
1. Wie oft hattest du in der letzten Woche Kopfweh?	O	O	O
2. Wie oft hattest du in der letzten Woche Bauchweh?	O	O	O
3. Wie oft war dir in der letzten Woche schwindelig?	O	O	O
4. Wie oft konntest du in der letzten Woche nicht gut schlafen?	O	O	O
5. Wie oft war dir in der letzten Woche übel?	O	O	O
6. Wie oft hattest du in der letzten Woche keinen Appetit?	O	O	O
7. Wie oft warst du in der letzten Woche ärgerlich?	O	O	O
8. Wie oft warst du in der letzten Woche traurig?	O	O	O
9. Wie oft warst du in der letzten Woche wütend?	O	O	O
10. Wie oft warst du in der letzten Woche bekümmert?	O	O	O
11. Wie oft warst du in der letzten Woche unruhig?	O	O	O
12. Wie oft warst du in der letzten Woche unglücklich?	O	O	O
13. Wie oft warst du in der letzten Woche aufgeregt?	O	O	O
14. Wie oft warst du in der letzten Woche einsam?	O	O	O

	Keinmal	Einmal	Mehrmals
15. Wie oft warst du in der letzten Woche zornig?	O	O	O
16. Wie oft warst du in der letzten Woche nervös?	O	O	O
17. Wie oft warst du in der letzten Woche gereizt?	O	O	O
18. Wie oft warst du in der letzten Woche angespannt?	O	O	O

Jetzt bist du am Ende des Fragebogens angekommen.

Blättere doch bitte die Seiten noch einmal durch.
Schau nach, ob du auch wirklich alle Fragen beantwortet hast.

Danke!

4.2.2 Lehrer-Fragebogen

Ziel beider Lehrerfragebögen ist es, die benötigten Daten zu erheben, die Fragebögen dabei jedoch so kurz wie möglich zu gestalten, um der bei den Teilnehmern vorhandenen Zeitknappheit Rechnung zu tragen und keine Teilnahmeverweigerung zu provozieren.

Im Lehrerfragebogen zu Projektbeginn (L1, siehe Abbildung 2) werden die Erwartungen und Wünsche im Zusammenhang mit der Einführung des Samurai-Programms erhoben (Fragen 1 bis 3). Da es aus logistischen Gründen nicht möglich ist, mit den beteiligten Lehrkräften ein persönliches Interview zu führen, hat sich die Projektgruppe für die Erhebung im Rahmen eines Fragebogens entschieden. Gleichzeitig konnte die Akzeptanz dieser Methode für den zukünftigen Einsatz in breiterem Rahmen getestet werden.

Zusätzlich werden im L1 statistische Daten zur Zusammensetzung der Klasse und zur Funktion der Lehrkraft in der Klasse erhoben (Fragen 4 bis 6). Aus Vorgesprächen ist bekannt, dass der Anteil von Kindern mit Migrationshintergrund erheblichen Einfluss auf das Lern- und Sozialverhalten in einer Klasse haben kann, daher werden entsprechende Fragen aufgenommen. Eine noch detailliertere Erfassung dieser Thematik wurde diskutiert, aber verworfen, da Befürchtungen hinsichtlich der Wahrung der Anonymität bei zu detaillierter Erhebung bestehen. Ergänzt werden diese Fragen durch die Klassenstärke insgesamt und die Zahl der Mädchen und Jungen.

In der Pilotschule gibt es in jeder Jahrgangsstufe sogenannte Neigungsklassen, in der Schüler mit speziellen Interessen versammelt sind. Da diese Klassen laut Auskunft der Projekt-Ansprechpartnerin häufig ein anderes Arbeitsverhalten aufweisen als „normale" Klassen, wird dieser Parameter ebenfalls abgefragt.

Um die potentielle Intensität der Beschäftigung mit dem Programm zu erheben, wurde eine Frage nach der Funktion der Lehrkraft aufgenommen. Es wird davon ausgegangen, dass Klassenlehrer mehr Stunden in einer Klasse unterrichten als Fachlehrer und somit die Einsatzmöglichkeiten für das Programm größer sind. Ergänzend wurde das Geschlecht der Lehrkraft erhoben. Auf die Erhebung des Alters wird aufgrund der geringen Stichprobenzahl verzichtet.

SA-KT-FV1_L1.0

Fragebogen zum Projekt

„Samurai-Massage – Shiatsu für Kinder"

Schule --

Schultyp Gymnasium

Ort Hessen

Klasse ______________________

Datum ______________________

Studienarbeit
im
Projekt-Kompetenz-Studium Bachelor of Science (B.Sc.) im Bereich „Komplementärtherapie"
(Vertiefungsrichtung: Shiatsu)
am

(Anschrift Hochschule)

(Kontaktdaten Projektteam)

Abbildung 2: Lehrerfragebogen 1 (2 Seiten)

Im Folgenden bitten wir Sie, uns Ihre Erwartungen an das Projekt mitzuteilen sowie um einige statistische Informationen, um die Ergebnisse der Studie entsprechend aus- und bewerten zu können.

1. Worin sehen Sie für Ihre Klasse den größten Handlungs- bzw. Unterstützungsbedarf durch im Rahmen des Projekts

    a. ... für die Klasse allgemein?

    _____

    _____

    _____

    _____

    _____

    b. ... für einzelne Schüler (bitte ohne Namensnennung?

    _____

    _____

    _____

    _____

    _____

2. Was wünschen Sie sich von dem Projekt?

_____

_____

_____

_____

_____

3. In welchen Situationen können Sie sich vorstellen, die Samurai-Massage einzusetzen?

_____

_____

_____

_____

_____

4. Zusammensetzung der Klasse
   Klassenstärke _____
   davon Mädchen _____ Jungen _____
       Kinder mit Migrationshintergrund _____
       Zahl der Nationen in der Klasse _____

5. Handelt es sich um eine Neigungsklasse?
   ☐ ja ☐ nein wenn ja, welche?_____

6. Angaben zu Ihrer Person
   ☐ weiblich ☐ männlich

   Funktion in der Klasse
   ☐ Klassenlehrer ☐ Fachlehrer

Vielen Dank für Ihre Unterstützung!

  Das Projektteam

Im Lehrerfragebogen nach Projektende (L2, siehe Abbildung 3) werden im ersten Teil Daten zur Ein- und Durchführung des Programms (Fragen 1 bis 6 und 10) erhoben. Diese dienen primär als Feedback für die Trainer des Samurai-Programms und werden im Folgenden nicht weiter analysiert. Für die Beantwortung wird eine fünfstufige Skala verwendet, um einerseits intervallskalierte Daten zu erhalten und andererseits die Beantwortung durch eine neutrale Mitte zu erleichtern (vgl. (Bortz, et al., 2006 S. 176ff).

Die Fragen nach Häufigkeit und Dauer des Einsatzes (Fragen 7 bis 9) werden in Zusammenhang mit der Veränderung in den Schülerbögen betrachtet und sollen Aussagen über optimierte Einsatzmöglichkeiten ermöglichen.

In Frage 11 werden die in L1 explorativ erhobenen Veränderungsfelder normiert und als hypothetische Ansätze auf Basis einer fünfstufigen Skala bewertet. Es wurden drei Bereiche identifiziert, in denen Veränderungen erwartet bzw. gewünscht werden: das Arbeits- und Sozialverhalten in der Klasse und das Verhalten der Kinder an sich. Zu jedem Aspekt werden mehrere Items benannt. Für diese Liste der Items wird nach Durchsicht der Fragebögen L1 eine Rohfassung erstellt, durch Ideen der Projektgruppe ergänzt und in einem offenen Interview mit der Projektleiterin der Schule diskutiert. Zusätzliche Zeilen in jedem Bereich bieten der Lehrkraft bewusst die Möglichkeit, eigene Items zu ergänzen. Auch hier wird eine fünfstufige Inter-vallskala verwendet. Da davon ausgegangen wird, dass die Einführung des Programms eher positiv auf die genannten Items wirkt, wird explizit nach positiven Veränderungen gefragt.

Die Fragen 12 bis 14 sind wieder als offene Fragen gestaltet und bieten die Möglichkeiten für ein Feedback zu den aufgetretenen Veränderungen und zur Durchführung des Programms. Zusätzlich wurde eine Frage nach den Rückmeldun-gen der Eltern aufgenommen, da dies für die Lehrkräfte eine große Bedeutung hat.

SA-KT-FV1_L2-1.2

2. Fragebogen zum Projekt „Samurai-Massage – Shiatsu für Kinder“

Schule --

Schultyp **Gymnasium**

Ort **Hessen**

Klasse ______________________

Datum ______________________

Studienarbeit
im
Projekt-Kompetenz-Studium Bachelor of Science (B.Sc.) im Bereich „Komplementärtherapie“
(Vertiefungsrichtung: Shiatsu)
am

(Anschrift Hochschule)

(Kontaktdaten Projektteam)

Seite 1 von 3

Abbildung 3: Lehrerfragebogen 2 (3 Seiten)

Im Folgenden bitten wir Sie, uns Ihre bisherigen Erfahrungen aus dem Projekt mitzuteilen, sowie um einige statistische Informationen, um die Ergebnisse der Studie entsprechend aus- und bewerten zu können.

	Tritt sehr zu	Trifft eher zu	Trifft teils/teils zu	Trifft weniger zu	Trifft nicht zu
1. Die Einführung in das Samurai-Massage-Programm war ansprechend und umfassend.	☐	☐	☐	☐	☐
2. Die Anleitung ließ sich gut in der Praxis umsetzen.	☐	☐	☐	☐	☐
3. Während der Durchführung des Programms mit den Schülern fühlte ich mich wohl.	☐	☐	☐	☐	☐
4. Die Kinder haben bei dem Programm gerne mit gemacht.	☐	☐	☐	☐	☐
5. Die Samurai-Massage wurde nach einem festen Zeitplan eingesetzt.	☐	☐	☐	☐	☐
6. Die Samurai-Massage wurde situativ eingesetzt (z.B. sinkendes Aufmerksamkeitsniveau).	☐	☐	☐	☐	☐

7. In welchem Turnus haben Sie das Programm durchgeführt?
☐ täglich   ☐ 2-4 mal pro Woche
☐ 1 mal pro Woche   ☐ seltener

8. Über welchen Zeitraum haben Sie das Programm bisher durchgeführt? _____ Wochen

9. Zu welcher Tageszeit haben Sie das Programm in der Regel durchgeführt?
☐ vor 9 Uhr   ☐ 9-11 Uhr   ☐ 11-13 Uhr
☐ nachmittags   ☐ wechselnd, kein fester Zeitrrahmen

10. Wie kam die Geschichte von Kooko und Hanako bei den Kindern an?
_____
_____
_____
_____
_____

11. Konnten Sie im Rahmen der Durchführung des Samurai-Massage Programms in Ihrer Klasse positive Veränderungen feststellen? Wenn ja, welche?
☐ nein   ☐ ja

Veränderung	Gar Keine	Wenig	Teilweise	Ziemlich	Stark
... im Arbeitsverhalten der Klasse:					
Konzentration	☐	☐	☐	☐	☐
Ruhe in der Klasse	☐	☐	☐	☐	☐
Toleranz untereinander	☐	☐	☐	☐	☐
Frustrationsgrenze	☐	☐	☐	☐	☐
Nervosität der Schüler/innen	☐	☐	☐	☐	☐
_____	☐	☐	☐	☐	☐
_____	☐	☐	☐	☐	☐

Seite 2 von 3

- 23 -

... im Sozialverhalten der Klasse: Veränderung	Gar Keine	Wenig	Teilweise	Ziemlich	Stark
Zusammenhalt	☐	☐	☐	☐	☐
Ausgrenzung Einzelner	☐	☐	☐	☐	☐
Feinfühliger-Umgang untereinander	☐	☐	☐	☐	☐
Aktives-aufeinander zugehen	☐	☐	☐	☐	☐
_____	☐	☐	☐	☐	☐
_____	☐	☐	☐	☐	☐

... im allgemeinen Verhalten der Kinder: Veränderung	Gar Keine	Wenig	Teilweise	Ziemlich	Stark
Besserer Umgang mit Anspannung/ Entspannung	☐	☐	☐	☐	☐
Abbau von Versagensängsten	☐	☐	☐	☐	☐
Körperhaltung	☐	☐	☐	☐	☐
_____	☐	☐	☐	☐	☐
_____	☐	☐	☐	☐	☐

12. Gibt es weitere Veränderungen, die für Sie relevant sind (auch negative)?

_____

_____

_____

_____

_____

13. Haben Sie Rückmeldungen von den Eltern erhalten? Wenn ja, welche?

_____

_____

_____

_____

14. Haben Sie noch Tipps oder Vorschläge für die Durchführung des Programms und/oder der Einführung?

_____

_____

_____

_____

Das Projektteam

Vielen Dank für Ihre Unterstützung!
Randolf Heeg - Karin Kalbantner-Wernicke - Karin Koers - Karin Strauch

4.2.3 Begleitendes Interview

Während der Durchführung des Programms fand am 3. Mai 2012 ein offenes Interview aller Projektbeteiligten mit der Ansprechpartnerin der Pilotschule statt. Ziel war neben einem Kennenlernen die Diskussion des Entwurfs für den Fragebogen L2 sowie die Optimierung des Ablaufs insgesamt. Hierbei wurden viele Themen angeschnitten, die Auswirkungen auf die generelle Gestaltung der Fragebögen hatten und in Folgeversionen umgesetzt werden. Diese Betrachtung ist allerdings nicht Teil der vorliegenden Arbeit.

Für den hier beschriebenen Fragebogen L2 erfolgte in diesem Gespräch eine konstruktive Auseinandersetzung und Verbesserung insbesondere der Items zu Frage 11.

4.3 Stichprobenkonstruktion

4.3.1 Geplante Stichprobe

Als Pilotschule fungiert ein hessisches Gymnasium. Zu diesem bestehen bereits Kontakte, wesentliche Rahmenbedingungen für die Durchführung (Einbindung der Schulleitung, Eltern etc.) sind gegeben. Für die Arbeit mit Fragebögen sind - im Gegensatz zum Einsatz in einer Grundschule - ausreichende Schreib- und Lesekompetenzen bei den Schülern sichergestellt.

Als Teilnehmerkreis werden drei fünfte Klassen festgelegt. Das Projekt wird mit zwei Klassen (5a und 5e, mit 26 bzw. 27 Schülern) durchgeführt, eine dritte Klasse dient als Kontrollgruppe.

Phase	Kinder	Lehrer	Gepl. Datum
Projektstart	Fragebogen auf Basis SSKJ 3-8	Fragenbogen „Projektstart"	KW 09/2012
Projektende	Fragebogen auf Basis SSKJ 3-8	Fragebogen „Phase 2", optional Interview	KW 18/2012

Tabelle 2: Übersicht der Erhebung

4.3.2 Tatsächliche Stichprobe

Bei der Erhebung der Daten traten unerwartete Schwierigkeiten in Bearbeitung und Rücklauf der Fragebögen auf. Die Befragung in der geplanten Kontrollklasse wurde nicht durchgeführt, was aufgrund von Kommunikationsproblemen erst nach Beendigung der Studie bekannt wurde. Eine Nacherhebung erschien nicht sinnvoll.

Bei einer der teilnehmenden Klassen (5a) wurde bei der ersten Befragung der Schüler nur Teil 1, bei der zweiten Befragung nur Teil 2 (hier auch ohne Deckblatt) ausgefüllt. Da somit weder eine vollständige Betrachtung noch ein Vorher-Nachher-Vergleich möglich ist, wurde entschieden, die Schülerdaten nicht mit in die Untersuchung aufzunehmen. Die Lehrerfragebögen werden jedoch in die Studie aufgenommen, um ein vollständigeres Bild zu erhalten.

Bei der zweiten teilnehmenden Klasse (5e) wurde die zweite Befragung der Schüler trotz mehrfacher Nachfrage nicht durchgeführt. Hier liegen eine vollständige Schülerbefragung vor Projektstart sowie die beiden Lehrerfragebögen vor und gehen in die Auswertung mit ein.

Aufgrund der daraus resultierenden geringen Datenmenge und des vollständigen Fehlens von Daten nach Programmdurchführung wurde im Folgeschuljahr eine sechste Klasse (6f), in der das Programm ebenfalls eingeführt wurde, mit in die Untersuchung aufgenommen. Für diese Klasse liegt ein vollständiger Satz an Lehrer- und Schülerfragebögen vor. Die Bögen L1 und L2 wurden von der Lehrkraft allerdings nach Beendigung des Projekts ausgefüllt. Auch hier brachten mehrfache Nachfragen und Erinnerungen sowohl bei der Lehrkraft selbst als auch bei der Projektbetreuerin in der Schule nicht das gewünschte Ergebnis. Es wurde entschieden, die Bögen dennoch in die Auswertung aufzunehmen, da keine oder nur eine geringe Veränderung des Antwortverhaltens durch die zeitliche Verzögerung unterstellt wird.

Auf die Erhebung einer Kontrollklasse wurde verzichtet, da sich dies im Rahmen dieses Untersuchungsdesigns als nicht praktikabel erwies.

Die Zeitpunkte der Durchführung sind in der Stichprobenbeschreibung (Kapitel 5.1) aufgeführt.

4.4 Untersuchungsdurchführung

Die Fragebögen wurden der Projektbetreuerin jeweils vorab elektronisch übermittelt, in der Schule ausgedruckt und an die Lehrkräfte verteilt. Die beteiligten Lehrkräfte führten die Befragung in ihren Klassen zu den vereinbarten Zeitpunkten eigenständig durch und übergaben die ausgefüllten Fragebögen an die Projektgruppe.

Bei der Terminplanung wurden die Schulferien in Hessen (Osterferien 2.4.- 14.4.2012, Sommerferien 2.7.-10.8.2012) berücksichtigt, da bei einer Nacherhebung direkt nach den Schulferien aus Sicht der Projektgruppe die Gefahr einer Verfälschung der Daten besteht. Es sollen die Stressvulnerabilität und –symptomatik im regulären Schulbetrieb erfasst werden, nicht die (hoffentlich erholte) Situation direkt nach den Ferien.

Die erste Befragung fand in den fünften Klassen Anfang März 2012 statt. Die Einführung des Samurai-Programms erfolgte in drei Stufen am 7., 14. und 21. März in beiden Klassen parallel. Die zweite Befragung war im Abstand von etwa acht Wochen nach dem Projektstart geplant. Aufgrund der in diesem Zeitraum liegenden Osterferien (2. bis 14. April 2012) und da der ursprünglich geplante Zeitraum dafür in die Woche gefallen wäre, in der die „blauen" Briefe an die Eltern gingen, wurde die Befragung nach hinten verschoben, um durch dieses viele stark belastende externe Ereignis keine Verfälschung der Ergebnisse zu erhalten.

In der nachgezogenen sechsten Klasse erfolgte der Start Ende August 2012 und die zweite Befragung Anfang Oktober, also bereits fünf Wochen später.

Art	Klasse	Bogen 1	Bogen 2	Kommentar
Lehrer	5a	2.3.2012	ca. 20.5.2012	Wg. fehlender Vergleichbarkeit nicht in die Studie aufgenommen
Schüler		2.3.2012	ca. 20.5.2012	
		Nur Teil 1	Nur Teil 2	
Lehrer	5e	4.3.2012	22.5.2012	
Schüler		1.3.2012	nicht durchgeführt	
Lehrer	Kontroll-			nicht durchgeführt
Schüler	klasse			
Lehrer	6f	28.11.2012	28.11.2012	
Schüler		31.8.2012	4.10.2012	

Tabelle 3:   Übersicht Erhebungsdaten

4.5 Datenanalyse

Die Analyse der Schülerdaten in SPSS erfolgt basierend auf den im SSKJ 3-8 vorgegebenen Skalen und Klassifizierungen. Sofern ein Schüler seine Antwort zwischen zwei vorgegebene Möglichkeiten gesetzt hat, wird generell die nächst-schlechtere (höher kodierte) Antwort verwendet. Fehlende Antworten werden mit „-9" kodiert.

Die Angaben in Teil 1 werden mit Werten von „1" (gar keinen Stress) bis „4" (sehr viel Stress) kodiert. Das Beispiel wird in die Auswertung aufgenommen. Um die Vergleichbarkeit mit den Daten des SSKJ 3-8 zu ermöglichen, wird der Wert des Beispielitems nicht in die Auswertung der Vulnerabilität einbezogen. Für die Skala Vulnerabilität (VUL), die den ersten Teil des Fragebogens abbildet, ergeben sich somit mögliche Rohpunktsummen zwischen 6 und 24.

Die Angaben in Teil 2 werden mit Werten von „1" (keinmal) bis „3" (mehrmals) kodiert. Die detaillierten Kodierungstabellen sind im Anhang dargestellt (vgl. Kapitel A.2.1). Die Rohpunktsummen betragen für den physischen Teil (PHY, Fragen 1 bis 6) 6 bis 18 Punkte, für den psychischen Teil (PSY, Fragen 7 bis 18) 12 bis 36 Punkte und für die Subskalen jeweils 4 bis 12 Punkte (vgl. (Lohaus, et al., 2006 S. 23).

Die Skalen VUL, PHY und PSY mit Subskalen werden additiv aus den Einzelwerten ermittelt (vgl. Kapitel 0.)

Basierend auf diesen Daten werden die Mittelwerte und Standardabweichungen nach Geschlechtern und Stand vor/nach der Programmdurchführung errechnet (vgl. Kapitel A.3.1) und mit den Werten des SSKJ 3-8 verglichen.

Analog des SSKJ 3-8 erfolgt die Klassifizierung der Werte in fünf Ränge, basierend auf den Normwerten der Kinder 5./6. Klasse (vgl. Lohaus, et al., 2006 S. 41, Tabelle B2). Da diese Skalen geschlechtsspezifisch unterschiedliche Rohwerte enthalten, werden für die Skalen VUL, PHY und PSY jeweils getrennte Variablen VULw, VULm, PHYw, PHYm, PSYw und PSYm definiert (vgl. Kapitel A.2.3). Die Subskalen von PHY werden an dieser Stelle nicht betrachtet.

Statine-Wert	Prozentrang	Interpretation des Skalenwertes
1	0-2	weit unterdurchschnittlich
2	3-16	unterdurchschnittlich
3-7	17-83	durchschnittlich
8	84-97	überdurchschnittlich
9	98-100	weit überdurchschnittlich

Tabelle 4: Klassifikation der Werte nach SSKJ 3-8

Mit Hilfe von Kreuztabellen wird die Veränderung der klassifizierten Werte der Skalen VUL, PHY und PSY geschlechtsspezifisch vor und nach der Programmdurchführung untersucht. Da nur von der Klasse 6f Vergleichswerte vorliegen, beschränkt sich die Auswertung im Wesentlichen auf die entsprechenden Datensätze (vgl. Kapitel A.3.1). Bei der Betrachtung der Werte vor Durchführung des Programms wurden die Datensätze der Klasse 5e integriert, um eine breitere Bewertungsbasis zu erhalten.

Die Analyse der Lehrerfragebögen erfolgt manuell und beschränkt sich auf den Bogen L2. Da nur bei einer Klasse eine Vorher-Nachher-Betrachtung erfolgen kann, finden die statistischen Daten des L1 keinen Eingang in die weitere Analyse. Die Ergebnisse werden in Bezug zu den Auswertungen der Schülerbögen und den aufgestellten Hypothesen gesetzt.

5 Ergebnisse

5.1 Stichprobenbeschreibung

An der Befragung nahmen insgesamt 58 Kinder (32 Mädchen und 26 Jungen) teil. Ergänzt um die Zweitbefragung der Klasse 6f ergeben sich (durch krankheitsbedingte Ausfälle) 89 Schüler-Datensätze, die für die Analyse zur Verfügung stehen.

		Alter		Gesamt
		10	11	
Geschlecht	weiblich	8	5	13
	männlich	2	11	13
Gesamt		10	16	26

Tabelle 5:   Alters- und Geschlechtsverteilung Klasse 5e

		Alter			Gesamt
		10	11	12	
Geschlecht	weiblich	2	17	0	19
	männlich	1	10	2	13
Gesamt		3	27	2	32

Tabelle 6:   Alters- und Geschlechtsverteilung Klasse 6f

Aus den Lehrerbefragungen gehen sechs Fragebögen in die Auswertung ein, jeweils drei Bögen L1 und L2. Zwei Sätze entfallen auf die fünften Klassen im Schuljahr 2011/2012, ein Satz auf die sechste Klasse im Schuljahr 2012/2013. Alle teilnehmenden Lehrkräfte sind weiblich und in den teilnehmenden Klassen als Klassenlehrer tätig.

Zwei Fragebogensätze (Klassen 5e, 6f) korrelieren mit den entsprechenden Schülerdaten, für den dritten Lehrersatz (Klasse 5a) gehen keine Schülerdaten in die Auswertung ein.

5.2 Ergebnisse zu den einzelnen Fragestellungen und Hypothesen

Neben den statistischen Vergleichswerten aus der Analyse des Schülerfragebogens fließen auch die Antworten der Lehrer in die Bewertung der Hypothesen ein. Hierzu werden die Fragen der Fragengruppe 11 den entsprechenden Hypothesen zugeordnet. Die von den Lehrern ergänzten Items dieser Gruppe sowie die Antworten auf die offenen Fragen werden einzeln analysiert und ergänzen klassenspezifisch die jeweilige Bewertung der Hypothese.

Hypothese / Frage (Nr.)	Selbstwirksamkeit	Sozialkompetenz	Körperhaltung
11 positive Veränderung			
... im Arbeitsverhalten			
11.1 Konzentration			x
11.2 Ruhe in der Klasse			x
11.3 Toleranz		x	
11.4 Frustrationsgrenze	x		
11.5 Nervosität	x		
11.5a Miteinander arbeiten		x	
11.5b Wohlbefinden in der Klasse		x	
... im Sozialverhalten			
11. Zusammenhalt		x	
11.6 Ausgrenzung		x	
11.7 Feinfühliger Umgang		x	
11.8 aufeinander zugehen		x	
11.8a „Zickenkrieg"		x	
11.8b Konfliktbewältigung		x	
... im allg. Verhalten			
11.9 Besserer Umgang mit Anspannung/ Entspannung	x		
11.10 Abbau Versagensängste	x		
11.11 Körperhaltung			x

Tabelle 7:   Zuordnung der Hypothesen zu Items in L2

Insgesamt besitzt die Studie aufgrund der fehlenden Kontrollgruppe eine geringe interne Validität - auch aufgrund der wenig randomisierten Stichprobenauswahl und der fehlenden Breite in Bezug auf Altersklassen und Schulformen (vgl. (Bortz, et al., 2006 S. 523f).

5.2.1 Vergleich mit den standardisierten Werten

Der Vergleich der Mittelwerte und Standardabweichungen mit den Normwerten für die 5. und 6. Klasse ergibt teilweise signifikante Abweichungen.

Die Stressvulnerabilität zu Beginn des Programms (vorher-Werte) liegt sowohl bei Mädchen als auch Jungen über den Mittelwerten (Werte SSKJ 3-8). Während sich bei den Mädchen eine deutliche Verbesserung ergibt, ist bei den Jungen im Wesentlichen keine Veränderung festzustellen. Interessant ist, dass bei den Mädchen trotz der erhöhten Werte der Vulnerabilität die psychischen Symptome eher leicht unterdurchschnittlich auftreten.

Die Werte zur Stresssymptomatik (PHY und PSY mit Subskalen) haben sich über den Erhebungszeitraum kaum verändert. Diese Entwicklung entspricht den Erwartungen der Projektgruppe, da bei derartigen Störungen nur längerfristig Veränderungen, z.B. im Rahmen einer Verhaltensänderung erzielt werden können (vgl. (Lohaus, et al., 2006 S. 26).

Ob die Erhöhung der Werte bei den Jungen auf eine echte Veränderung zurückzuführen ist oder eine bewusste Datenmanipulation vorliegt, kann aufgrund fehlender Vergleichsdaten nicht beurteilt werden.[1]

Über die Veränderung der Standardabweichung kann aufgrund der geringen Stichprobengröße und der Tatsache, dass die befragten Gruppen sich in den beiden Phasen teilweise unterscheiden, keine valide Aussage getroffen werden.

---

[1] Anm. d. Verf: Im mündlichen Gespräch wurde darüber informiert, dass die zweite Befragung der Klasse durch eine Vertretungslehrerin erfolgte. Diese bemerkte, dass die Jungen in der Klasse die Befragung nicht ernst genommen und eventuell verfälschende Angaben gemacht haben könnten.

Skala	Mittelwert			Standardabweichung		
	vorher	nach-her	SSKJ 3-8	vorher	nach-her	SSKJ 3-8
VUL	16,42	12,58	15,66	3,24	2,73	3,02
PHY	10,84	9,56	10,57	2,91	2,31	2,02
PSY	20,78	19,56	23,55	4,96	4,12	6,09
PSY_A R	7,44	6,74	8,51	2,46	1,45	2,48
PSY_T R	6,41	6,06	6,94	2,18	2,26	2,4
PSY_A N	6,94	6,84	8,15	1,98	2,06	2,47

Tabelle 8:   Vergleich Skalen weiblich Befragung mit SSKJ 3-8

Skala	Mittelwert			Standardabweichung		
	vorher	nach-her	SSKJ 3-8	vorher	nach-her	SSKJ 3-8
VUL	14,62	14,58	13,89	2,89	3,96	3,21
PHY	9,19	9,83	9,41	2,62	2,66	2,78
PSY	21,07	23,83	21,35	4,77	5,01	5,62
PSY_A R	7,96	7,67	7,96	2,73	2,64	2,45
PSY_T R	5,54	7,75	5,94	1,98	2,38	2,12
PSY_A N	7,58	8,42	7,49	1,90	2,75	2,36

Tabelle 9:   Vergleich Skalen männlich Befragung mit SSKJ 3-8

Aufgrund der hohen Differenzen der Vulnerabilität der Mädchen erfolgte eine getrennte Betrachtung der beiden Klassen. Hierbei ergab sich für die 5e ein Mittelwert von 17,46, bei der 6f von 15,67 (vgl. Kapitel A.3.2). Die sechste Klasse liegt somit zu Beginn des Programms im Normbereich, bei der fünften Klasse ist dieser Wert an der obersten Grenze des durch die Standardabweichung beschriebenen Bereichs. Im Nachher-Wert ist von vornherein nur die sechste Klasse erfasst. Die Verringerung der Vulnerabilität bleibt auch für diese Klasse deutlich sichtbar.

5.2.2 Signifikanz der Veränderungen

Der sich bei der Bewertung der Mittelwerte abzeichnende Zusammenhang bestätigt sich auch bei der Untersuchung der Abhängigkeiten der Variablen. Da der wesentliche Fokus der Untersuchung auf der Wirksamkeit des Programms liegt, wird hier ausschließlich die Korrelation der klassifizierten Variablen des SSKJ 3-8 mit dem Stand im Programmverlauf (vor und nach der Durchführung) verglichen. Da es sich bei dem Beobachtungszeitpunkt um eine ordinal skalierte Variable handelt, wird für die Beurteilung der Signifikanz der Chi-Quadrat-Test herangezogen.

Einzig bei „VUL weiblich" zeigt sich ein statistisch signifikanter Zusammenhang mit einer Irrtumswahrscheinlichkeit von 3%. Für die übrigen Skalen kann keinerlei Korrelation festgestellt werden.

klassifizierte Variable	Anzahl der gültigen Fälle (Projektstart/-ende)	Chi-Quadrat nach Pearson
VUL weiblich	37 (18/19)	0,031
VUL männlich	25 (13/12)	0,502
PHY weiblich	37 (19/18)	0,579
PHY männlich	25 (13/12)	0,569
PSY weiblich	37 (19/18)	0,454
PSY männlich	25 (13/12)	0,302

Tabelle 10:   Signifikanz nach klass. Skalen im Programmverlauf

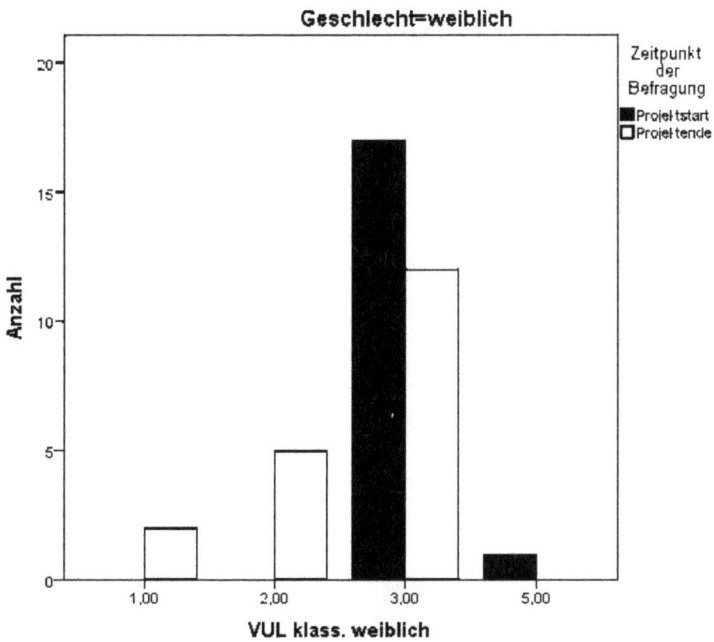

Zeitpunkt der Befragung: ■ Projektstart / □ Projektende

Abbildung 4:   Veränderung VUL (klassifiziert) bei Mädchen

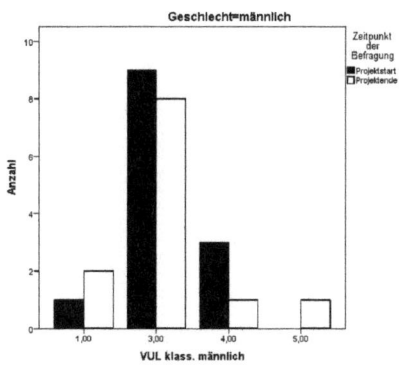

Abbildung 5:   Veränderungen der klassifizierten VUL bei Jungen

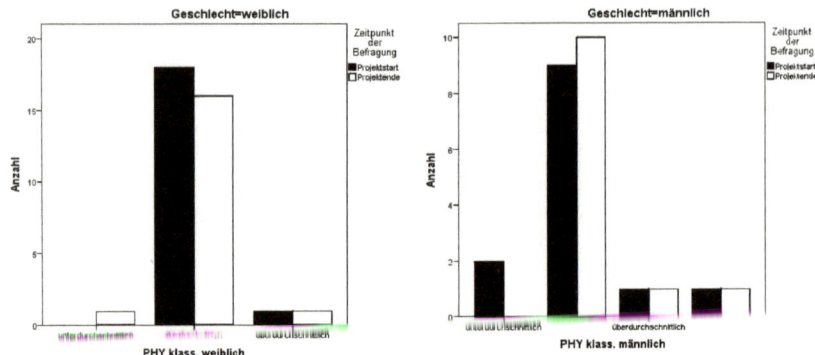

Abbildung 6: Veränderungen der klassifizierten PHY bei Mädchen/Jungen

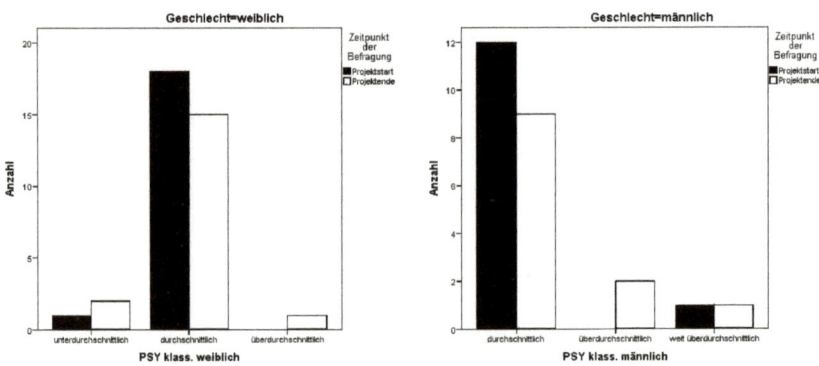

Abbildung 7: Veränderungen der klassifizierten PSY bei Mädchen/Jungen

5.2.3 Prüfung der Hypothese „Selbstwirksamkeit"

Die Selbstwirksamkeit äußert sich unter anderem in der Bewertung stressbelasteter Situationen, die sich im Schülerfragebogen in der Vulnerabilität ausdrückt. Hier kann bei Mädchen ein statistisch signifikanter Zusammenhang festgestellt werden.

Bei den Werten des L2 streuen die Antworten stark, es wird jedoch mit Ausnahme der Frustrationstoleranz und dem Umgang mit Spannung und Entspannung in der Klasse 6f bei allen Parametern zumindest eine geringe Verbesserung erfasst. In den offenen Fragen sind keine Antworten enthalten, die einen Zusammenhang zur Hypothese erkennen lassen.

In Betrachtung der kumulierten Ergebnisse kann die Hypothese bei der Beschränkung auf Mädchen angenommen werden und wird daher wie folgt modifiziert:

Die regelmäßige Anwendung des Samurai-Programms (Shiatsu für Kinder) erhöht die Selbstwirksamkeit der Kinder, insbesondere der Mädchen. Dadurch werden „stressige" Situationen als weniger belastend erlebt.

5.2.4 Prüfung der Hypothese „Sozialkompetenz"

Die von den Lehrern ergänzten Items zur Frage 11 in L2 wurden vollständig dieser Hypothese zugeordnet, was zumindest ein Indiz für die Bedeutung dieses Themas aus Sicht der Lehrkräfte darstellt. Auch die Antworten zu Frage 12 (weitere relevante Veränderungen) haben in allen Fällen am ehesten Bezug zu dieser Thematik.

Während in den fünften Klassen eine starke Verbesserung der Items festgestellt werden konnte, ist die Auswirkung in der sechsten Klasse praktisch nicht vorhanden. Hier scheinen die Werte durch weitere Parameter beeinflusst zu sein, die im Rahmen dieser Studie nicht identifiziert und untersucht wurden.

In Frage 12 wurde bei beiden fünften Klassen die Stärkung der Klassengemeinschaft erwähnt.

Eine Aussage über eine statistisch signifikante Irrtumswahrscheinlichkeit kann aufgrund der Datenmenge nicht getroffen werden, daher kann auch keine Bestätigung der Hypothese erfolgen. Die Indizien sprechen allerdings für die Richtigkeit der Hypothese. Für weitere Untersuchungen ist an dieser Stelle eine Spezifizierung der These und/oder der Erhebungsmethode vorzunehmen.

5.2.5 Prüfung der Hypothese „Körperhaltung"

Bei der Auswertung des L2 zeigt sich insbesondere bei den Parametern „Ruhe in der Klasse" und „Konzentration" eine deutliche Verbesserung in allen teilnehmenden Klassen. Wenn auch das direkte Item (Frage 11.11) keine signifikante Auswirkung auf die Körperhaltung vermuten lässt, bilden diese zwei Fragen doch ein deutliches Indiz auf die mittelbare Wirksamkeit des Samurai-Programms.

In den offenen Fragen sind keine Antworten enthalten, die einen Zusammenhang zur Hypothese erkennen lassen.

Für diese Untersuchung wird die Hypothese daher unter Kenntnisnahme der geringen statistischen Basis vorläufig angenommen:

Die regelmäßige Anwendung des Samurai-Programms führt zu einer körperlichen Haltungsverbesserung. Die Haltungsverbesserung hat positiven Einfluss auf Konzentrationsstörungen, schlechtes Schriftbild und leichte Ermüdbarkeit der Schüler.

5.3 Weitere Befunde

Der unbefriedigende Rücklauf macht deutlich, dass bei Gestaltung, Ausgabe und Einsatz der Fragebögen sowie bei der Kontrolle des Rücklaufs erhebliche Prozessverbesserungen erzielt werden müssen. Folgendes Optimierungspotential wurde identifiziert:

- Eindeutige Zuordenbarkeit der Fragebögen zum Start und zur Nachbefragung, z.B. durch entsprechende Bezeichnung oder farbige Kennzeichnung.
- Deutlichere Darstellung der Zusammengehörigkeit der einzelnen Teile. Die Bögen werden den Schulen künftig in Klassensätzen zur Verfügung gestellt.
- Eindeutige Zuordnung der Lehrerfragebögen zu den einzelnen Phasen analog der Schülerbögen.
- Rücklauf der Fragebögen und Kontrolle der Vollständigkeit zeitnah zur Befragung.
- Klare Definition der Verantwortung für den Rücklauf im Projektteam.
- In Vorbereitung einer breiteren Verwendung wird der Bogen um einen Urheberrechts-Hinweis ergänzt. Als Kontaktmöglichkeit wird eine projektbezogenen

Mailadresse angegeben, deren Bearbeitung im späteren Verlauf leichter koordiniert werden kann.

Parallel dazu fand in verschiedenen Gesprächsrunden eine inhaltliche Weiterentwicklung der Fragebögen statt, von denen hier nur die wesentlichen Aspekte Erwähnung finden.

Für die Durchführung der Studie durch andere Trainer werden verschiedene Materialien wie eine Arbeitsanleitung und Muster für Anschreiben an Eltern, Lehrer und Sponsoren entwickelt und im Rahmen einer fachspezifischen Fortbildung vermittelt.

5.3.1 Änderungen am Schülerfragebogen

Der Fragenkatalog zum Stress bildet die Wirkungen des Samurai-Programms nur unzureichend ab, viele Komponenten bleiben unberücksichtigt. Auch werden manche Formulierungen Schulformen außerhalb der Regelschule nicht gerecht (z.B. existieren Schulformen und Altersstufen, in denen keine Tests geschrieben werden).

Um neben dem Stress noch weitere relevante Parameter abzufragen, wird ein neuer Fragebogen auf Basis der gewonnenen Erkenntnisse entwickelt. Es werden Fragen nach positiven Erlebnissen aufgenommen, um eine eher neutrale Grundstimmung des Tests zu erreichen. Folgende Aspekte sollen zukünftig erfasst werden:

- Stress mit den in dieser Studie untersuchten Teilaspekten
- Sozialkompetenz
- Selbstbewusstsein
- Eigenwahrnehmung

Um diese abzubilden, werden die bestehenden Teile des Fragebogens modifiziert und um einen zusätzlichen Teil ergänzt.

Die grafische Gestaltung wird überarbeitet und um Grafiken aus dem Samurai-Programm ergänzt.

Der Abschlussfragebogen für die Schüler wird um einen Feedback-Teil ergänzt, um dem Gefühl einer reinen Wiederholung entgegen zu wirken und auch den Schülern die Möglichkeit einer individuellen Rückmeldung zu geben.

Die im Test verwendete Variante der Anonymisierung der Fragebögen mittels einer vom Lehrer zu führenden Liste wurde im Verlauf des Projekts verworfen. Stattdessen entschied sich die Projektgruppe auf Vorschlag der Verfasserin, eine an das Verfahren der Universität Erlangen-Nürnberg angelehnten Form der Anonymisierung zu verwenden, die keine zusätzliche Dokumentation erfordert. Auf den Schülerfrage-bögen werden für jeden Schüler spezifische Daten abgefragt, die innerhalb einer Klasse einen eindeutigen Schlüssel ergeben und somit die Vorher-Nachher-Zuordnung einzelner Fragebögen ermöglichen, aber keinen Rückschluss Dritter auf den jeweiligen Schüler zulassen. Die Entscheidung fiel auf die Erfassung von Geburtsjahr und -monat sowie je eines Buchstabens des Vornamens und der Straße (vgl. (Friedrich-Alexander-Universität Erlangen-Nürnberg, Institut für Psychogerontologie, 2011).

5.3.2 Änderungen am Lehrerfragebogen

Um objektiv vergleichbare Ergebnisse zu erzielen, werden die nochmals überarbei-ten Skalen aus dem Bogen L2 ebenfalls in L1 aufgenommen. Statt bisher nach einer Veränderung wird in beiden Bögen nach einer Ist-Bewertung der Items gefragt. Ergänzend werden im L2 Fragen nach individuellen Veränderungen bei einzelnen Schülern (in anonymer Form) aufgenommen, da dies im Feedback der beteiligten Schule einen wesentlichen Aspekt darstellte.

Im Bogen L1 werden die statistischen Daten um Fragen zur Schule allgemein und zur Altersklasse der Lehrkraft ergänzt. Mit einer Frage nach besonderen Ereignissen zum Erhebungszeitpunkt (Bogen L1 und L2) sollen externe Faktoren aufgedeckt werden, die zu massiven Ergebnisverfälschungen führen können. Der Fragenkatalog wird hinsichtlich seiner Relevanz überarbeitet und angepasst.

Die Lehrerbögen werden um einen Bogen L3 ergänzt, der mit zeitlichem Abstand eine Bewertung der Einführung und ein Feedback ermöglichen soll.

6 Zusammenfassung und Ausblick

Die Analyse der Ergebnisse zeigt, dass eine geschlechtsspezifische Untersuchung der Thematik angemessen ist, um spezifische Ergebnisse zu erhalten. Als positiv kann das durchweg gute Feedback auf das Programm durch Lehrer, Schüler und Eltern bewertet werden sowie die Bereitschaft der Pilotschule, das Programm im Folgejahr weiterzuführen. Auch scheint die Form der fragebogengestützten Erhebung ein grundsätzlich gangbarer Weg im Rahmen des Samurai-Programms zu sein.

Zur weiteren Durchführung des Programms besteht Optimierungspotential sowohl in der Gestaltung der Erhebungsunterlagen als auch der organisatorischen Durchführung. Verschiedene Aspekte hierzu werden in Kapitel 5.3 diskutiert.

Von drei aufgestellten Thesen konnten zwei verifiziert werden, für eine Nebenthese konnte keine abschließende Bewertung erfolgen. Die signifikanten Ergebnisse bezüglich der Hypothese zur Selbstwirksamkeit für Mädchen täuschen nicht darüber hinweg, dass die gewählten Fragebögen methodische Schwächen hinsichtlich der aufgestellten Thesen besitzen.

Dieser Tatsache ist durch eine Anpassung der zukünftig zu untersuchenden Thesen sowie einer strukturellen Änderung der Fragebögen Rechnung zu tragen.

Das zweite Teilziel der Befragung, die explorative Erhebung der aus Lehrersicht relevanten Items kann als erfolgreich betrachtet werden. Die Angaben aus der Befragung flossen bereits in die Gestaltung der Folgebogens L2 ein und wurden von den Lehrkräften weitgehend akzeptiert. Eine zweite Überarbeitung unter Einbeziehung der Projektleiterin der Schule konnte dieses Ergebnis noch verfeinern.

Das Programm wird zusammen mit der Evaluierung in den kommenden Jahren als breit angelegte Studie durchgeführt. Um eine gleichbleibende Qualität der Einführung durch verschiedene Trainer zu gewährleisten, werden Schulungen initiiert, in denen neben dem Training des Samurai-Programms auch der Umgang mit den Fragebögen und den für Schulen spezifischen Anforderungen bei der Erhebung der Daten vermittelt wird.

7 Literaturverzeichnis

Bortz, Jügen und Döring, Nicola. 2006. *Forschungsmethoden und Evaluation für Human- und Sozialwissenschaftler.* Heidelberg : Springer Verlag, 2006.

deGruyter, Walter. 2011. *Pschyrembel Naturheilkunde und alternative Heilverfahren.* Berlin/Boston : De Gruyter, 2011.

Frick, Jürgen. 2011. *Was uns antreibt und bewegt. Entwicklung verstehen, begleiten und beeinflussen.* Bern : Verlag Hans Huber, 2011.

Friedrich-Alexander-Universität Erlangen-Nürnberg, Institut für Psychogerontologie. 2011. Gerotest. [Online] 2011. [Zitat vom: 01. 04. 2013.] http://www.gerotest.geronto.uni-erlangen.de/index.php.

GSD e.V. 1992-2013. Shiatsu Journal GSD. Hamburg : Gesellschaft für Shiatsu in Deutschland e.V., 1992-2013.

Kalbantner-Wernicke, Karin. 2011. *Shiatsu für Kinder - Samurai-Massage.* München : Kiener Verlag, 2011.

Kiene, Helmut. 2001. *Komplementäre Methodenlehre der klinischen Forschung. Cognition-based Medicine.* Berlin Heidelberg : Springer Verlag, 2001.

Lohaus, Arnold, et al. 2006. *SSKJ 3-8 - Fragebogen zur Erhebung von Stress und Stressbewältigung im Kindes- und Jugendalter.* Göttingen : Hogrefe Verlag GmbH& Co . KG, 2006.

Lohmann-Haislah, Andrea. 2012. *Stressreport Deutschland 2012 - Psychische Anforderungen, Ressourcen und Befinden.* Dortmund/Berlin/Dresden : Bundesanstalt für Arbeitsschutz und Arbeitsmedizin, 2012.

Löhner-Jokisch (Hrsg.), Susanne. 2012. *Gesundheitsförderung hautnah mit Shiatsu - Begleiten, beraten und befähigen zur Stärkung der Gesundheitskompetenz.* Gamburg : Verlag für Gesundheitsförderung, 2012.

Long, Andrew F. 2007. *The Effects and Experience of Shiatsu: A Cross-European Study.* Leeds : University of Leeds, School of Healthcare, 2007. http://www.healthcare.leeds.ac.uk/downloads/ShiatsuFinalReport.pdf.

A Anhang

Der Anhang enthält Ergebnisse der Lehrerfragebögen mit der Zuordnung der einzelnen Fragen zu den untersuchten Hypothesen, die verwendeten Code-Listen zur Erfassung der Daten der Schülerfragebögen mit der zugehörigen SPSS-Syntax sowie Syntax und detaillierte Ergebnisse der Datenanalysen in SPSS.

Die Auswertung der Schülerdaten erfolgte mit IBM SPSS Statistics Version 20, Release 20.0.0.

`Die verwendete SPSS-Syntax wird in dieser Formatierung dargestellt.`

A.1 Ergebnisse der Lehrerfragebögen

Im Folgenden sind die Originalantworten der Lehrer in Auszügen wiedergegeben. Aufgrund der geringen Anzahl erfolgt die Auswertung nicht in SPSS, sondern manuell.

Die Fragen werden sinngemäß gekürzt, die vollständigen Bögen siehe Kapitel 4.2.2.

A.1.1 Fragebogen zum Projektstart

Klasse / Frage (Nr.)	5a	5e	6f
Erhebung am	2.3.2012	4.3.2012	28.11.2012 (nachträglich)
4.1 Klassenstärke	26	27	32
4.2/3 Mädchen/Jungen	13/13	13/14	19/13
4.4 Mit Migrationshintergund	11	2	3
4.5 Nationen in der Klasse	9	2	2
5 Neigungsklasse	Nein	Nein	Nein
6.1 Lehrer – Geschlecht	Weiblich	Weiblich	Weiblich
6.2 Lehrer - Funktion	Klassen-lehrer	Klassen-lehrer	Klassenlehrer

Tabelle 11:   Klassenstatistik Lehrerfragebogen Projektstart

A.1.2 Fragebogen zum Projektende

Klasse / Frage (Nr.)	5a	5e	6f
Erhebung am	Ca. 15.5.2012	22.5.2012	28.11.2012
1 Einführung	Trifft sehr zu	Trifft sehr zu	Trifft sehr zu
2 Anleitung	Trifft sehr zu	Trifft sehr zu	Trifft sehr zu
3 Wohlfühlen bei Durchf.	Trifft sehr zu	Trifft sehr zu	Trifft sehr zu
4 Mitmachen	Trifft sehr zu	Trifft sehr zu	Trifft sehr zu
5 fester Zeitplan	Trifft teils/teils zu	Trifft sehr zu	Trifft teils/teils au
6 Situativ	Trifft eher zu	Trifft eher zu	Trifft eher zu
7 Turnus	Seltener (Anm.: Gesamt- progr.)	2-4 mal pro Woche	1 mal pro Woche
8 Zeitraum (Wochen)	ab März 2012 (Anm. ca. 10)	10	10
9 Tageszeit	Wechselnd	Wechselnd	11-13 Uhr
11 positive Veränderung	Ja	Ja	Ja
... im Arbeitsverhalten			
11.1 Konzentration	ziemlich	teilweise	ziemlich
11.2 Ruhe in der Klasse	ziemlich	ziemlich	ziemlich
11.3 Toleranz	ziemlich	teilweise	wenig
11.4 Frustrationsgrenze	teilweise	wenig	gar keine
11.5 Nervosität	teilweise	teilweise	wenig
11.5a Miteinander arbeiten	ziemlich		
11.5b Wohlbefinden in der Klasse		ziemlich	
... im Sozialverhalten			
11. Zusammenhalt	--	teilweise	gar keine
11.6 Ausgrenzung	teilweise	ziemlich	gar keine
11.7 Feinfühliger	stark	teilweise	gar keine

Klasse / Frage (Nr.)	5a	5e	6f
Umgang			
11.8 aufeinander zugehen	ziemlich	stark	gar keine
11.8a „Zickenkrieg"	ziemlich		
11.8b Konfliktbewälti-gung	ziemlich		
… im allg. Verhalten			
11.9 Besserer Umgang mit Anspannung/ Entspannung	ziemlich	ziemlich	wenig
11.10 Abbau Versagens-ängste	ziemlich	teilweise	gar keine
11.11 Körperhaltung	teilweise	teilweise	wenig

Tabelle 12:   Lehrerfragebogen Projektende - geschlossene Fragen

A.2 Datenerfassung und -analyse

A.2.1 Wertelabels zum Schülerfragebogen

Wert	Beschriftung
1	Grundschule
2	Gesamtschule
3	Realschule
4	Gymnasium
5	alternative Schulform
6	Förderschule
7	„Handicap"-Schulen *(Anm. z.B. Schule für Sehbehinderte)*
8	andere Einrichtungen *(Anm. z.B. Kindertagestätte, Hort)*

Tabelle 13: Kodierung Schultypen

Wert	Geschlecht	Befragungszeitpunkt (stand)	VUL (Teil 1)	PHY und PSY (Teil 2)
1	weiblich	Projektstart	Gar keinen Stress	keinmal
2	männlich	Projektende	wenig Stress	einmal
3			viel Stress	mehrmals
4			sehr viel Stress	

Tabelle 14: Kodierung Variablen des Schülerbogens

A.2.2 Logfile Definition der Skalen

```
COMPUTE
VUL=T1_1pause+T1_2hausaufg+T1_3gruppe+T1_4note+T1_5streit+T1_6eltern
.
VARIABLE LABELS  VUL 'Stressvulnerabilität'.
EXECUTE.


COMPUTE
PHY=T2_1kopfweh+T2_2bauchweh+T2_3schwindel+T2_4schlafen+T2_5uebel+T2
_6appetit.
VARIABLE LABELS  PHY 'physische Stresssymptomatik'.
EXECUTE.


COMPUTE PSY_AR=T2_7aerger+T2_9wut+T2_15zornig+T2_17gereizt.
VARIABLE LABELS  PSY_AR 'Ärger - psychische Stresssymptomatik'.
EXECUTE.


COMPUTE PSY_TR=T2_8trauer+T2_10kummer+T2_12unglueck+T2_14einsam.
VARIABLE LABELS  PSY_TR 'Traurigkeit - psychische Stresssymptoma-
tik'.
EXECUTE.


COMPUTE
PSY_AN=T2_11unruhe+T2_13aufregung+T2_16nervoes+T2_18angespannt.
VARIABLE LABELS  PSY_AN 'Angst - psychische Stresssymptomatik'.
EXECUTE.


COMPUTE PSY=PSY_AR+PSY_TR+PSY_AN.
VARIABLE LABELS  PSY 'psychische Stresssymptomatik'.
EXECUTE.
```

A.2.3 Logfile Klassifikation nach Normwerten

```
DO IF  (geschlecht = 1).
RECODE VUL (20=4) (Lowest thru 9=1) (10 thru 11=2) (12 thru 19=3)
(21 thru Highest=5) INTO VULw.
```

```
END IF.
VARIABLE LABELS  VULw 'VUL klass. weiblich'.
EXECUTE.

DO IF  (geschlecht = 2).
RECODE VUL (9=2) (Lowest thru 8=1) (10 thru 17=3) (18 thru 19=4) (20
thru Highest=5) INTO VULm.
END IF.
VARIABLE LABELS  VULm 'VUL klass. männlich'.
EXECUTE.

DO IF  (geschlecht = 1).
RECODE PHY (6=2) (7 thru 14=3) (15 thru 16=4) (17 thru Highest=5)
INTO PHYw.
END IF.
VARIABLE LABELS  PHYw 'PHY klass. weiblich'.
EXECUTE.

DO IF  (geschlecht = 2).
RECODE PHY (6=2) (7 thru 12=3) (13 thru 14=4) (15 thru Highest=5)
INTO PHYm.
END IF.
VARIABLE LABELS  PHYm 'PHY klass. männlich'.
EXECUTE.

DO IF  (geschlecht = 1).
RECODE PSY (Lowest thru 13=1) (14 thru 15=2) (16 thru 31=3) (32 thru
34=4) (35 thru Highest=5) INTO PSYw.
END IF.
VARIABLE LABELS  PSYw 'PSY klass. weiblich'.
EXECUTE.

DO IF  (geschlecht = 2).
RECODE PSY (13=2) (Lowest thru 12=1) (14 thru 28=3) (29 thru 30=4)
(31 thru Highest=5) INTO PSYm.
END IF.
VARIABLE LABELS  PSYm 'PSY klass. männlich'.
```

EXECUTE.

A.3 Ergebnisse der Datenanalyse

A.3.1 Häufigkeitstabellen der Skalen

Logfile und Darstellung der geschlechtsspezifischen Mittelwerte und Standardabweichungen vor und nach der Durchführung des Programms.

```
USE ALL.
COMPUTE filter_$=(geschlecht = 1 & stand = 2).
VARIABLE LABELS filter_$ 'geschlecht = 1 & stand = 1 (FILTER)'.
VALUE LABELS filter_$ 0 'Not Selected' 1 'Selected'.
FORMATS filter_$ (f1.0).
FILTER BY filter_$.
EXECUTE.
SORT CASES BY geschlecht (A).
SORT CASES BY stand (A).
FREQUENCIES VARIABLES=VUL PHY PSY PSY_AR PSY_TR PSY_AN
  /STATISTICS=STDDEV MEAN
  /ORDER=ANALYSIS.
```

		VUL	PHY	PSY	PSY_AR	PSY_TR	PSY_AN
N	Gültig	31	32	32	32	32	32
	Fehlend	1	0	0	0	0	0
Mittelwert		16,4194	10,8438	20,7813	7,4375	6,4063	6,9375
Standardabweichung		3,24319	2,90838	4,96266	2,46181	2,18292	1,98279

Tabelle 15:   Vergleichswerte weiblich vor Programm

```
USE ALL.
COMPUTE filter_$=(geschlecht = 1 & stand = 2).
VARIABLE LABELS filter_$ 'geschlecht = 1 & stand = 2 (FILTER)'.
VALUE LABELS filter_$ 0 'Not Selected' 1 'Selected'.
FORMATS filter_$ (f1.0).
FILTER BY filter_$.
EXECUTE.
SORT CASES BY geschlecht (A).
```

```
SORT CASES BY stand (A).
FREQUENCIES VARIABLES=VUL PHY PSY PSY_AR PSY_TR PSY_AN
    /STATISTICS=STDDEV MEAN
    /ORDER=ANALYSIS.
```

	VUL	PHY	PSY	PSY_AR	PSY_TR	PSY_AN
N Gültig	19	18	18	19	18	19
Fehlend	0	1	1	0	1	0
Mittelwert	12,5789	9,5556	19,5556	6,7368	6,0556	6,8421
Standardabweichung	2,73487	2,30657	4,11914	1,44692	2,26150	2,06191

Tabelle 16:   Vergleichswerte weiblich nach Programm

```
USE ALL.
COMPUTE filter_$=(geschlecht = 2 & stand = 1).
VARIABLE LABELS filter_$ 'geschlecht = 2 & stand = 1 (FILTER)'.
VALUE LABELS filter_$ 0 'Not Selected' 1 'Selected'.
FORMATS filter_$ (f1.0).
FILTER BY filter_$.
EXECUTE.
FREQUENCIES VARIABLES=VUL PHY PSY PSY_AR PSY_TR PSY_AN
    /STATISTICS=STDDEV MEAN
    /ORDER=ANALYSIS.
```

	VUL	PHY	PSY	PSY_AR	PSY_TR	PSY_AN
N Gültig	26	26	26	26	26	26
Fehlend	0	0	0	0	0	0
Mittelwert	14,6154	9,1923	21,0769	7,9615	5,5385	7,5769
Standardabweichung	2,88551	2,62327	4,76590	2,73468	1,98456	1,90101

Tabelle 17:   Vergleichswerte männlich vor Programm

```
USE ALL.
COMPUTE filter_$=(geschlecht = 2 & stand = 2).
VARIABLE LABELS filter_$ 'geschlecht = 2 & stand = 2 (FILTER)'.
VALUE LABELS filter_$ 0 'Not Selected' 1 'Selected'.
FORMATS filter_$ (f1.0).
FILTER BY filter_$.
```

```
EXECUTE.
FREQUENCIES VARIABLES=VUL PHY PSY PSY_AR PSY_TR PSY_AN
    /STATISTICS=STDDEV MEAN
    /ORDER=ANALYSIS.
```

	VUL	PHY	PSY	PSY_AR	PSY_TR	PSY_AN
N Gültig	12	12	12	12	12	12
Fehlend	0	0	0	0	0	0
Mittelwert	14,5833	9,8333	23,8333	7,6667	7,7500	8,4167
Standardabweichung	3,96481	2,65718	5,00606	2,64002	2,37888	2,74552

Tabelle 18:   Vergleichswerte männlich nach Programm

A.3.2 Spezifische Häufigkeitstabellen Mädchen

Selektive Auswertung der Werte für Mädchen aufgrund der signifikanten Abweichung zum Normwert und der Veränderung der Vulnerabilitätswerte. Die Werte nach dem Programm entsprechen den Werten der 6f, da für die 5e keine Nachbefragungswerte vorliegen.

```
COMPUTE filter_$=(stand = 1 & klasse = "5e" & geschlecht= 1).
VARIABLE LABELS filter_$ 'stand = 1 & klasse = "5e" & geschlecht = 1
(FILTER)'.
VALUE LABELS filter_$ 0 'Not Selected' 1 'Selected'.
FORMATS filter_$ (f1.0).
FILTER BY filter_$.
EXECUTE.
FREQUENCIES VARIABLES=VUL PHY PSY PSY_AR PSY_TR PSY_AN
    /FORMAT=NOTABLE
    /STATISTICS=STDDEV MEAN
    /ORDER=ANALYSIS. ** analog bei der folgenden Tabelle **
```

	VUL	PHY	PSY	PSY_AR	PSY_TR	PSY_AN
N Gültig	13	13	13	13	13	13
Fehlend	0	0	0	0	0	0
Mittelwert	17,46	11,77	22,00	7,54	7,00	7,46
Standardabweichung	3,87	4,02	6,35	2,54	2,52	2,60

Tabelle 19:   Vergleichswerte weiblich 5e vor Programm

USE ALL.

```
COMPUTE filter_$=(stand = 1 & klasse = "6f" & geschlecht = 1).
VARIABLE LABELS filter_$ 'stand = 1 & klasse = "6f" & geschlecht = 1
(FILTER)'.
VALUE LABELS filter_$ 0 'Not Selected' 1 'Selected'.
FORMATS filter_$ (f1.0).
FILTER BY filter_$.
EXECUTE.
```

		VUL	PHY	PSY	PSY_AR	PSY_TR	PSY_AN
N	Gültig	18	19	19	19	19	19
	Fehlend	1	0	0	0	0	0
Mittelwert		15,67	10,21	19,95	7,07	6,00	6,58
Standardabweichung		2,54	1,65	3,70	2,48	1,89	1,39

Tabelle 20:   Vergleichswerte weiblich 6f vor Programm

A.3.3 Veränderungen nach klassifizierten Skalen, Klasse 6f

Geschlechtsspezifische Auswertung der klassifizierten Skalen VUL, PHY und PSY
nach Zusammenhängen vor und nach dem Programm. Aufgrund der geringen
Datenmenge ist die erwartete Häufigkeit mehrerer Zellen kleiner als 5, was die
Aussagekraft der Daten entsprechend mindert. Die Auswertung erfolgt über
Kreuztabellen mit dem Zeitpunkt der Befragung Spaltenwert und dem Geschlecht als
Schicht, wobei die geschlechtsspezifische Unterteilung bereits durch die ge-
schlechtsspezifischen Parameter zum Tragen kommt.

```
USE ALL.
COMPUTE filter_$=(klasse = "6f").
VARIABLE LABELS filter_$ 'klasse = "6f" (FILTER)'.
VALUE LABELS filter_$ 0 'Not Selected' 1 'Selected'.
FORMATS filter_$ (f1.0).
FILTER BY filter_$.
EXECUTE.


CROSSTABS
  /TABLES=VULw VULm PHYw PHYm PSYw PSYm BY stand BY geschlecht
  /FORMAT=AVALUE TABLES
  /STATISTICS=CHISQ
  /CELLS=COUNT TOTAL SRESID
```

/COUNT ROUND CELL
/BARCHART.

Chi-Quadrat-Tests

Geschlecht		Wert	df	Asymptoti-sche Signifikanz (2-seitig)
weib-lich	Chi-Quadrat nach Pearson	8,842[a]	3	,031
	Likelihood-Quotient	11,930	3	,008
	Zusammenhang linear-mit-linear	7,260	1	,007
	Anzahl der gültigen Fälle	37		

a. 6 Zellen (75,0%) haben eine erwartete Häufigkeit kleiner 5.
Die minimale erwartete Häufigkeit ist ,49.
Tabelle 21:   Statistische Relevanz VUL weiblich

Chi-Quadrat-Tests

Geschlecht		Wert	df	Asymptoti-sche Signifikanz (2-seitig)
männ-lich	Chi-Quadrat nach Pearson	2,356[a]	3	,502
	Likelihood-Quotient	2,791	3	,425
	Zusammenhang linear-mit-linear	,192	1	,661
	Anzahl der gültigen Fälle	25		

a. 6 Zellen (75,0%) haben eine erwartete Häufigkeit kleiner 5.
Die minimale erwartete Häufigkeit ist ,48.
Tabelle 22:   Statistische Relevanz VUL männlich

Chi-Quadrat-Tests

Geschlecht		Wert	df	Asymptoti-sche Signifikanz (2-seitig)
weib-lich	Chi-Quadrat nach Pearson	1,091[a]	2	,579
	Likelihood-Quotient	1,477	2	,478
	Zusammenhang linear-mit-linear	,310	1	,578
	Anzahl der gültigen Fälle	37		

a. 4 Zellen (66,7%) haben eine erwartete Häufigkeit kleiner 5.
Die minimale erwartete Häufigkeit ist ,49.

Tabelle 23:   Statistische Relevanz PHY weiblich

Chi-Quadrat-Tests

Geschlecht		Wert	df	Asymptoti-sche Signifikanz (2-seitig)
männ-lich	Chi-Quadrat nach Pearson	2,016[a]	3	,569
	Likelihood-Quotient	2,785	3	,426
	Zusammenhang linear-mit-linear	,395	1	,530
	Anzahl der gültigen Fälle	25		

a. 6 Zellen (75,0%) haben eine erwartete Häufigkeit kleiner 5.
Die minimale erwartete Häufigkeit ist ,96.

Tabelle 24:   Statistische Relevanz PHY männlich

Chi-Quadrat-Tests

Geschlecht		Wert	df	Asymptotische Signifikanz (2-seitig)
weiblich	Chi-Quadrat nach Pearson	1,580[a]	2	,454
	Likelihood-Quotient	1,972	2	,373
	Zusammenhang linear-mit-linear	,001	1	,978
	Anzahl der gültigen Fälle	37		

a. 4 Zellen (66,7%) haben eine erwartete Häufigkeit kleiner 5.
Die minimale erwartete Häufigkeit ist ,49.
Tabelle 25:   Statistische Relevanz PSY weiblich

Chi-Quadrat-Tests

Geschlecht		Wert	df	Asymptotische Signifikanz (2-seitig)
männlich	Chi-Quadrat nach Pearson	2,392[a]	2	,302
	Likelihood-Quotient	3,163	2	,206
	Zusammenhang linear-mit-linear	,564	1	,453
	Anzahl der gültigen Fälle	25		

a. 4 Zellen (66,7%) haben eine erwartete Häufigkeit kleiner 5.
Die minimale erwartete Häufigkeit ist ,96.
Tabelle 26:   Statistische Relevanz PSY männlich

Verzeichnisse

Tabellenverzeichnis

Abbildungsverzeichnis

Abkürzungsverzeichnis

GSD e.V.   Gesellschaft für Shiatsu in Deutschland e.V.

klass.   klassifiziert (in Bezug auf Skalen des SSKJ 3-8)

L1   Lehrerfragebogen zum Projektstart

L2   Lehrerfragebogen nach Projektende

PHY   physische Stresssymptomatik (Skala des SSKJ 3-8)

PSY   psychische Stresssymptomatik (Skala des SSKJ 3-8)

PSY-AN   Angst - psychische Stresssymptomatik (Subskala des SSKJ 3-8)

PSY-ÄR   Ärger - psychische Stresssymptomatik (Subskala des SSKJ 3-8)

PSY-TR   Traurigkeit - psychische Stresssymptomatik (Subskala des SSKJ 3-8)

SSKJ 3-8   Fragebogen zur Erhebung von Stress und Stressbewältigung im Kindes- und Jugendalter

VUL   Stressvulnerabilität (Skala des SSKJ 3-8)

Über die Autorin

Karin Koers, Jahrgang 1972. Diplom-Wirtschaftsinformatikerin, B.Sc. Komplementärtherapie, Shiatsu-Praktikerin (GSD) und Coach (FH).

De Frage der harmonischen Gestaltung von Kommunikation und Zusammenarbeit bildet den roten Faden ihrer Tätigkeit. Wissen aus den Bereichen IT, Kommunikation und Körperarbeit verbindet sich mit langjähriger Erfahrung im Projekt- und Prozessmanagement. Aus der Verknüpfung dieser Themen entstehen neue Perspektiven. Die Integration von Körper und Geist stellt dabei eine wesentliche Voraussetzung für nachhaltige Veränderungen dar.

Vita

seit 2014	Nebenberufliche Lehrkraft der Steinbeis-Hochschule Berlin (SHB)
2012-2015	Studium der Komplementärtherapie, Steinbeis-Hochschule Berlin; Abschluss B.Sc. Komplementärtherapie, Vertiefungsrichtung Shiatsu
seit 2012	Dozentin für Shiatsu, Vorstandsmitglied von aceki e.V.
2010-2011	Fortbildung zum Coach, Hochschule Rhein-Main Wiesbaden; Abschluss Coach (FH)
2007-2011	Ausbildung zur Shiatsu-Praktikerin, ISOM Nürnberg; Abschluss Shiatsu-Praktikerin (GSD)
1999	Gründung der fumana GmbH, Übernahme der Geschäftsführung; Trainings, Beratung und Coaching zu Prozessmanagement, Persönlichkeitsentwicklung und Gesundheitsförderung; Projekte hauptsächlich im IT-Bereich bei unterschiedlichen Kunden
1996-1997	Aufbaustudium Andragogik (Erwachsenenbildung), Otto-Friedrich-Universität Bamberg
1991-1996	Studium der Wirtschaftsinformatik, Otto-Friedrich-Universität Bamberg; Abschluss: Diplom-Wirtschaftsinformatikerin
1991	Abitur

Regelmäßige Fortbildungen in den Bereichen Shiatsu, Coaching, Kommunikation und angrenzende Methoden.

Weiterführende Informationen

Begleitende Literatur

Das vorgestellte Projekt basiert auf dem Samurai-Programm, das von Karin Kalbantner-Wernicke und Thomas Wernicke entwickelt wurde. Die Begleitliteratur zum Programm ist im Kiener-Verlag erscheinen.

Karin Kalbantner-Wernicke, Thomas Wernicke: Samurai-Shiatsu - mit Shiatsu fit für die Schule (2. Auflage)

ISBN 978-3-943324-21-1

Über die Autoren

Karin Kalbantner-Wernicke, Shiatsu-Lehrerin (GSD), Baby- und Kinder-Shiatsu-Lehrtherapeutin (baks).Gründungsmitglied der Gesellschaft für Shiatsu Deutschland (GSD), im Vorstand der Internationalen Gesellschaft für Traditionelle Japanische Medizin (IGTJM) und Mitbegründerin der Fachakademie aceki e.V. für japanische Heilmethoden.

Thomas Wernicke ist Facharzt für Allgemeinmedizin mit zertifizierter Zusatzausbildung in Naturheilverfahren, Homöopathie, Chirotherapie, manueller Medizin bei Kindern, Akupunktur, Kinderakupunktur, frühkindlicher Diagnostik und psychosomatischer Therapie.

Beide unterrichten seit mehr als 25 Jahren im In- und Ausland und sind Autoren mehrerer Bücher sowie zahlreicher Aufsätze.

Samurai-Programm im Internet

Aktuelle Informationen zum Programm gibt es auf www.samurai-shiatsu.de. Die Seite enthält Informationen über aktuelle Projekte, ausgebildete Trainer, Weiterbildungstermine und die gemeinnützige Fördergesellschaft Samurai-Projekt e.V., die die Verbreitung des Programms unterstützt.